在成長多元探究系列 ●● 健康

U0109008

身體王國

在成長・幾點創作中心　編

中華教育

風和日麗的一天，
有位小朋友在公園快樂地玩着滑板車，
不知不覺間駛近了一個小山坡。

小朋友的身體裏，大腦國王正控制着一切。

哇，從高高的坡上衝下去一定很好玩。
快衝呀，衝呀！

沒想到，
從山坡衝下去的滑板車
被一顆小石子絆住了。

小朋友狠狠地摔倒在草地上！

血小板

紅血球

白血球

血細胞應急部的紅血球、白血球以及血小板紛紛帶上
自己的裝備，順着血管，迅速向傷口方向趕去。

膝蓋的傷口果然很嚴重。

血小板們趕緊上前止血。

白血球們負責處理傷口產生的病原微生物。

紅血球們則努力地為同伴提供寶貴的氧氣。

真是一場激烈的搶救戰啊！

報告國王陛下，傷口的出血已經止住了。
但是想要傷口完全癒合，我們還需要更多的支援。

「血細胞應急部，你們辛苦了！本國王一定會想辦法支援你們的！」

各位大臣，請你們一定要盡全力
支援血細胞應急部，讓我們的身
體王國重新回到健康的狀態！

身體王國中最重要的內臟大臣，
都被緊急召喚到大腦國王的面前。

心臓大臣加速運送血液

幫助血細胞應急部快速通過血管。

胃大臣把消化好的食物打包，
再經由腸道吸收營養，加快傷口痊癒。

哎？白血球去哪了？

白血球去追殺逃進身體裏的病毒和細菌了。

「真辛苦啊！」

肺大臣呼吸了許多新鮮空氣，
疲憊的血細胞應急部得到了放鬆。

肝大臣緊急出現，
幫助白血球抓捕了所有逃竄的病毒和細菌。

最後，**腎大臣**藉助身體裏的水分，
把病毒和細菌都排到了身體王國的外面。

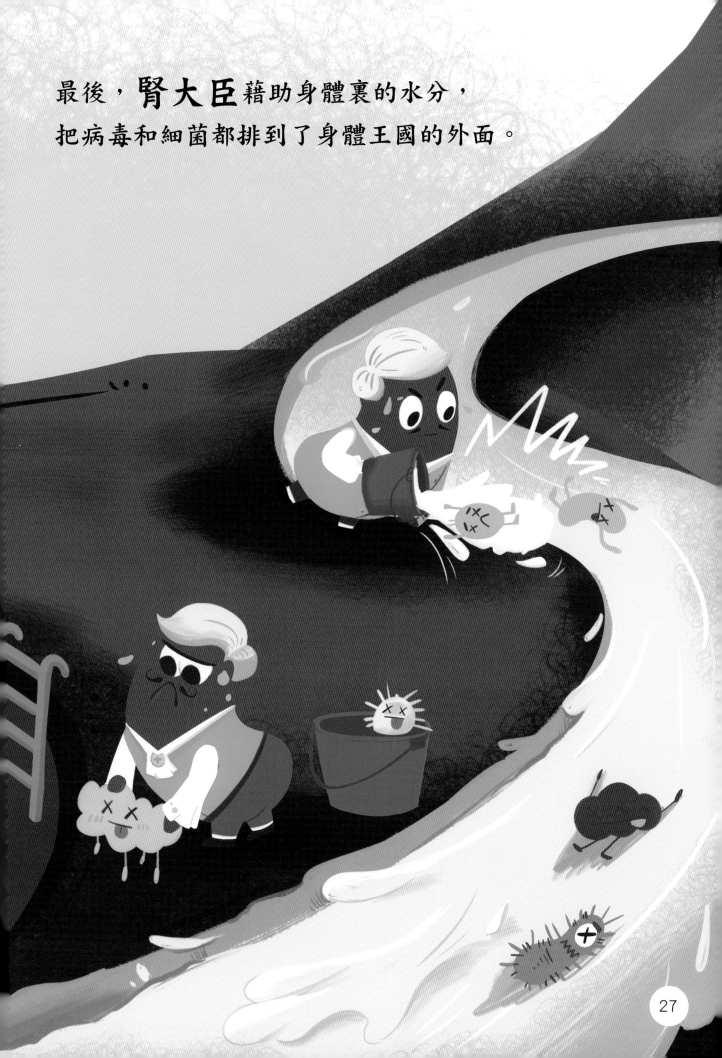

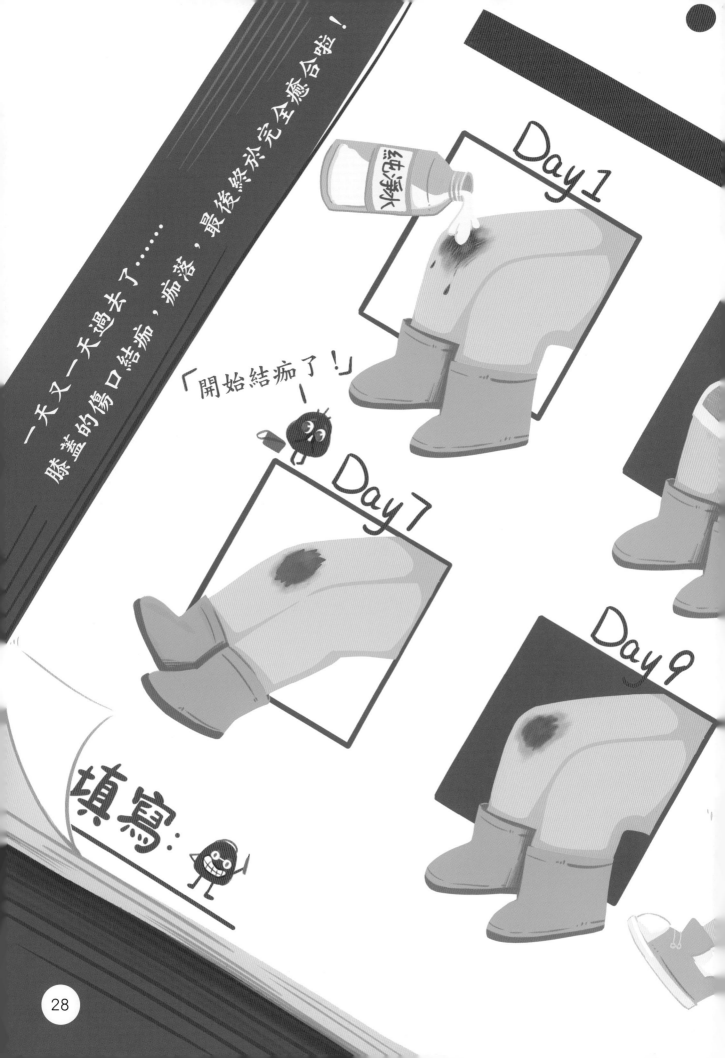

一天又一天過去了……
膝蓋的傷口結痂，痂落，最後終於完全癒合啦！

「開始結痂了！」

Day 1

Day 7

Day 9

填寫：

傷口康復日誌
——血細胞應急部

Day3

Day5

Day13

為了慶祝身體王國恢復健康，
大腦國王舉辦了熱鬧的慶功會，
嘉獎血細胞應急部和內臟大臣們。

身體王國重新回到了健康狀態，
大腦國王對大家充滿了感激。
另一方面，他決定行使國王的權利，
頒佈健康詔令，好好管理身體。

本國王的第一道詔令，是命令身體多運動。這樣心臟大臣和肺大臣就會變得更有活力，能夠更好地把新鮮的氧氣和血液送到身體各處。

本國王的第二道詔令，是命令身體多喝水。血細胞應急部的成員最喜歡在水裏玩了，腎大臣的工作也需要水的幫助。

本國王的第三道詔令，是命令身體健康飲食。這樣胃大臣就能為大家輸送更多優質營養，肝大臣也不用為了排出垃圾食品中的有毒物質而勞累了。

本國王的第四道詔令，是命令身體充分休息。雖然大臣們在身體睡覺時仍然堅守工作崗位，但身體睡覺時大家的工作壓力會小很多。

在夜深人靜之時，大腦國王獨自來到了自己的記憶宮殿。

每天都會發生很多事情，但是本國王的記憶宮殿只保留最重要的部分。這次的事情，就保留這部分記憶吧！

滑滑板車摔倒的記憶，被大腦國王放在了儲存危險記憶的區域。記憶宮殿又豐富了。

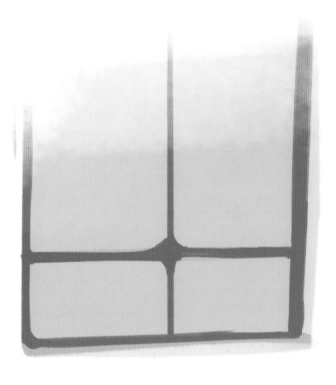

以後，本國王再也不會做這樣危險的行為讓身體受傷了。畢竟本國王已經 **6** 歲了喔！

身體王國

記錄名冊

大腦國王

本國王能夠根據接收到的信息發佈指令，還能儲存記憶哦。

腦

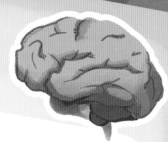

- 調節身體的呼吸、心跳、體溫、血壓等生命活動。
- 協調身體的骨骼和肌肉，保持平衡和控制姿態。
- 接收視覺、聽覺、觸覺、溫度、疼痛等信息並加以處理。
- 控制語言、情緒、食慾、睡眠等基本身體功能。
- 進行學習、記憶、思考等認知過程。

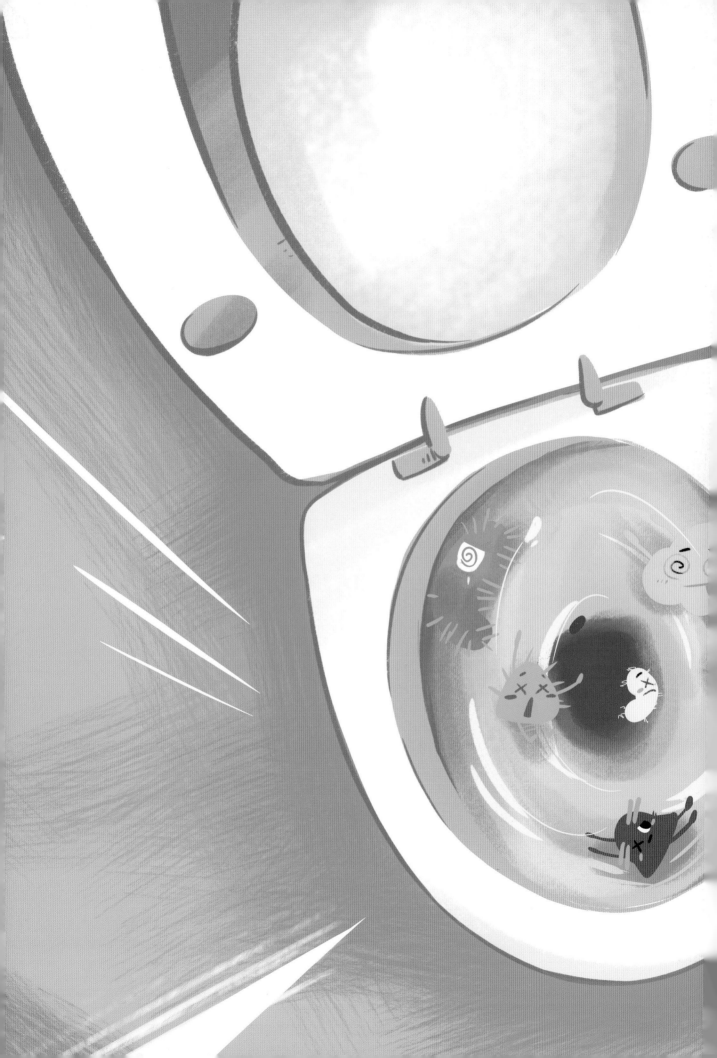

神經小兵

我是到處傳遞信息的神經小兵！

心臟大

傳輸血液的工作，
真完成！

神經元

- 接收身體內外刺激信息，傳輸給大腦，調控運動、感覺、認知等。

心臟

- 傳輸血液到身體器官，維持人的生命。

肝大臣

為了身體的健康，我會與有毒物質戰鬥到底！

肝

- 分解有毒物質。
- 代謝維生素、激素、脂肪。

腎

小便裏都是腎
所以小便後一定要洗

我一定認

胃大臣

我的胃液能把食物消化掉哦！

胃

- 通過收縮和蠕動，把食物磨碎並與胃液充分混合進行消化。

腎

- 過濾血液中的廢物和有毒物質，通過尿液排出體外。

大臣

臟排出的廢物，
手哦。

肺大臣

我們每時每刻都在為了呼吸而努力。

肺

- 吸入空氣中的氧氣，並把二氧化碳排出體外。

紅血球

所有的氧氣，都由我來運輸！

紅血球

- 運輸氧氣、二氧化碳、葡萄糖等人體代謝必須物質。
- 參與免疫反應，清除外來的病原體或異體細胞。

血小板

止住吧。

流血的傷口，就由我來為你

血小板

- 幫助傷口止血和凝血。
- 抑制炎症反應，促進傷口癒合。

白血球

無論是細菌還是病毒，我都不會放過！

白血球

- 包圍、吞噬細菌、病毒、寄生蟲等。